小实验串起科学史（第20全）

从进化论到DNA科学

路虹剑 / 编著

化学工业出版社
·北京·

图书在版编目（CIP）数据

小实验串起科学史. 从进化论到 DNA 科学 / 路虹剑
编著 . —北京：化学工业出版社，2023.10
ISBN 978-7-122-43908-6

Ⅰ . ①小… Ⅱ . ①路… Ⅲ . ①科学实验 - 青少年读物
Ⅳ . ①N33-49

中国国家版本馆 CIP 数据核字（2023）第 137522 号

责任编辑：龚 娟 肖 冉　　　　　　装帧设计：王 婧
责任校对：宋 夏　　　　　　　　　　插 画：关 健

出版发行：化学工业出版社（北京市东城区青年湖南街 13 号 邮政编码 100011）
印 　装：盛大（天津）印刷有限公司
710mm×1000mm　1/16　印张 40　字数 400 千字
2024 年 4 月北京第 1 版第 1 次印刷

购书咨询：010-64518888
售后服务：010-64518899
网 　址：http://www.cip.com.cn
凡购买本书，如有缺损质量问题，本社销售中心负责调换。

定价：360.00 元（全 20 册）

在小小的实验里挖呀挖呀挖，
挖出了一部科学史！

　　一个个小小的科学实验，好比一颗颗科学的火种，实验里奇妙、有趣的科学现象，能在瞬间激起孩子的好奇心和探索欲。但这些小实验并不是这套书的目的和重点，它们只是书中一连串探索的开始。

　　先动手做一个在家里就能完成的科学实验，激发孩子的好奇，自然而然地，孩子会问"为什么"，这时候告诉他这个实验的科学原理，是不是比直接灌输科学知识更能让孩子接受呢？

　　科学原理揭秘了，孩子的思绪就打开了，会继续追问：这是哪位聪明的科学家发现的？他是怎么发现的呢？利用这个科学发现，又有哪些科学发明呢？这些科学发明又有哪些应用呢？这一连串顺

理成章、自然而然的追问，是不是追问出一部小小的科学史？

　　你看《从惯性原理到人造卫星》这一册，先从一个有趣的硬币实验（实验还配有视频）开始，通过实验，能对经典物理学中的惯性有个直观的了解；紧接着通过生活中的一些常见现象来加深对惯性的理解，在大脑中建立起看得见摸得着的物理学概念。

　　接下来，更进一步，会走进科学历史的长河，看看是哪位伟大的科学家首先发现了惯性原理；惯性原理又是如何体现在宇宙中星体的运动里的；是谁第一个设计出来人造卫星，这和惯性有着怎样的关系；我国的第一颗人造卫星是什么时候发射升空的……

　　这套书共有 20 个分册，每一个分册都有一个核心主题，从古代人类文明，到今天的现代科技，内容跨越了几千年的历史，能读到伽利略、牛顿、法拉第、达尔文等超过 50 位伟大科学家的传奇经历，还能了解到火箭、卫星、无线电、抗生素等数十种改变人类进程的伟大发明的故事。

　　这套书涉及多个学科，可以引导孩子在无数的"问号"中深度思考，培养出科学精神、科学思维、科学素养。

目 录

你听说过 DNA 吗？这是 20 世纪生物科学最伟大的进步。科学家们发现，DNA 承载着人类诸多的秘密，与遗传、健康、寿命等很多方面都有紧密的关联。那么是谁发现了 DNA？在此之前，又是谁发现了生物进化的原理？别着急，让我们先从一个实验了解细胞开始吧。

DNA 的发现打开了
生命科学的一扇大门

小实验：流泪的苹果

人遇到伤心的事情会流泪，但是你相信吗，苹果也会"流泪"，比如接下来我们要做的这个小实验，就能证明这一点。

实验准备

苹果、食盐、水果刀、盘子。

扫码看实验

实验步骤

1

将苹果切成两半，然后用水果刀在半个苹果中间位置挖一个坑，在坑底开一个小洞。

在挖好的坑周围撒上一些食盐，过一会儿，看看会有什么变化出现？

你看到了吗？苹果居然流下了"眼泪"，这是为什么呢？

实验背后的科学原理

苹果是由很多细胞组成的，如果放很多盐，细胞外面的渗透压就比原来的高，为了维持渗透压的平衡，细胞就把水释放出来，这个过程叫作细胞失水。水从细胞的细胞壁和细胞膜流出来，我们就看到了苹果的"眼泪"。

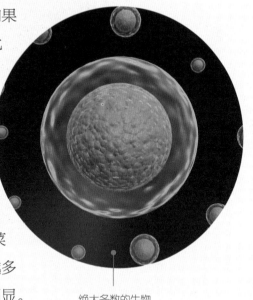

其实，不只是苹果，其他水果，如梨、西瓜等，以及各种蔬菜也都可以用来做这种实验，含水越多的水果或蔬菜，"流泪"现象越明显。

绝大多数的生物都是由细胞组成

为什么人会感觉到口渴?

人体也含有水分，当我们吃得过咸或者饮水过少时，都会造成细胞外液的渗透压升高。而细胞外液渗透压升高（尤其是血浆渗透压）会刺激到下丘脑渗透压感受器，然后传入神经，将兴奋传递给大脑皮质，产生口渴的感觉。所以口渴的时候要尽快喝水哦。

我们都知道动物、植物、微生物等生物（病毒除外）都是由细胞组成的。细胞在拉丁语中的意思为"小房间"，别看它们个体很小（通常以微米计算），但却是生物体基本的结构和功能单位。

第一个看到细胞的人

虽然说关于细胞的知识，在今天可能仅仅是基础的常识，但在显微镜被发明出来之前，人们根本无法看到微观的世界，更别说是几微米大小的细胞了。

好在显微镜被发明了出来，科学家们可以用它来探索微观的世界。英国科学家、物理学家罗伯特·胡克（1635—1703）在1665年时，改进了复合显微镜的设计。他的显微镜使用了三个透镜和一个舞台灯，能够照亮并放大标本。

当胡克把一块软木塞放在显微镜下时，他看到了一些奇妙的东西。胡

手里拿着软木塞的胡克

克在他的《显微制图》一书中详细描述了他对这个前所未见的微小世界的观察。在他看来，软木塞好像是由微小的气孔组成的，他后来称这些气孔为"细胞"，因为它们让他想起了修道院里的小房间（cell）。

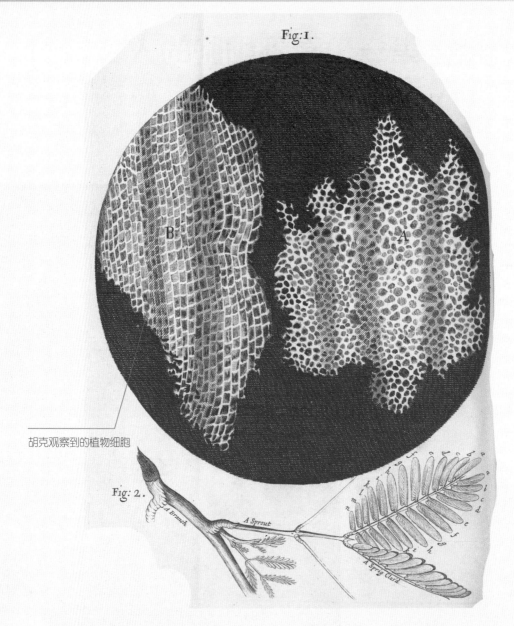

胡克观察到的植物细胞

在观察软木塞的细胞时，胡克在《显微制图》一书中写道："我非常清楚地看到，软木塞是由一个个小孔组成的，很像蜂巢，但它的气孔并不规则……这些气孔或细胞……确实是我所见过的第一个微观气孔，因为在此之前，我从未见过任何一个人，提到过它们……"

胡克出生在英格兰南部怀特岛的淡水镇，他从小待在家乡，13岁时去了伦敦。在伦敦，胡克先是跟一位画家做学徒，然后进入伦敦的威斯敏斯特学校，在那里他接受了扎实的教育，很快掌握了拉丁语和希腊语，学习了欧几里得的《几何原本》，并学会了演奏管风琴。

1653年胡克考入了牛津大学基督教堂学院，在那里，他成为罗伯特·波义耳的朋友和实验室助手，而罗伯特·波义耳是英国著名的物理学家、化学家，被誉为化学科学的"开山鼻祖"。

胡克的显微镜

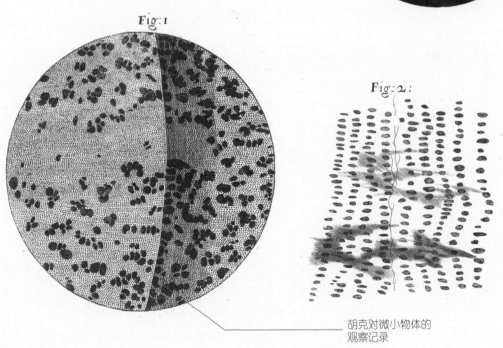

胡克对微小物体的观察记录

心灵手巧的胡克在给波义耳当助手期间，发明了各种各样的东西，包括手表的平衡弹簧等，但他发表的东西很少。1661年，他发表了一篇关于毛细管引力的论文，正是这篇论文使他引起了英国皇家学会的注意，此时该协会成立仅一年。1661年11月5日，英国皇家学会任命胡克担任会长，并为他提供实验和教学的资金支持。1665年1月11日，胡克被任命为英国皇家学会的终身会长。

有了英国皇家学会的支持，胡克可以更专注地投入到科学研究和实验中。他在物理、化学、生物等学科上都有不凡的成就，除了第一个观察到细胞以外，他还提出了弹性体变形与力成正比的定律，即著名的"胡克定律"。

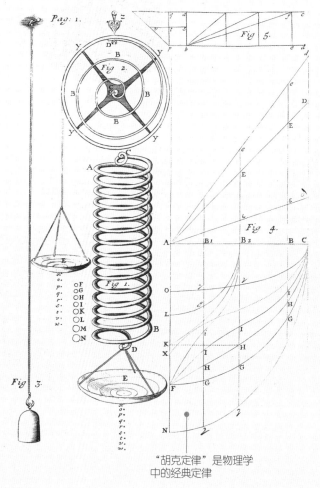

胡克的发明和创造是极为丰富的，他制造过包括万向接头在内的各种机械。1666年伦敦大火以后，他在城市重建中设计了一些重要建筑物。他还发明过发条控制的摆轮、轮形气压表等多种仪器。因此，胡克也被誉为英国的"双眼和双手"。

但遗憾的是，胡克没有用显微镜进一步深入做研究，否则，第一位发现微生物的科学家就不是安东尼·范·列文虎克，而是罗伯特·胡克了。

"胡克定律"是物理学中的经典定律

谁创造了
人类和其他生物？

随着细胞的发现，人们对生物有了更全面的认识，并且逐渐建立起微生物学。但是还有一个问题，需要通过科学给出答案，这就是——谁创造了人类和地球上的其他生物？

神创论认为：上帝创造了一切 ——

神创论主张地球上的万物都是上帝花了六天时间创造的，例如光、空气、陆地、海洋、动物等，并且按照自己的形象创造了人类，来管理这一切。

在神创论的基础上，18世纪的一些自然学家根据研究和观察，发展出来了物种不变论，认为地球上的生物物种是不会改变的，即使有变化，也只能在物种内部发生，绝不可能形成新的物种。

在上千年的历史中，人们对神创论等理论深信不疑，而以科学总结为基础的物种不变论，更是令人们对"上帝创造一切"的理论深信不疑。

但这些理论，在19世纪中期后，被一位名叫达尔文的英国生物学家彻底颠覆了。

英国生物学家
查尔斯·达尔文

达尔文是如何提出进化论的?

1809年，查尔斯·罗伯特·达尔文（1809—1882）出生在英国小城什鲁斯伯里，他的父亲和祖父都是医生。1817年，8岁的查尔斯加入了牧师开办的走读学校，那时他就对自然历史和收藏产生了浓厚的兴趣。

7岁时的达尔文

1825年，达尔文去了爱丁堡大学医学院学习，这是当时英国最好的医学院。但达尔文觉得课程枯燥无味，做手术又痛苦不堪，因此他忽视了学业，每天跟着别人学习标本剥制术。

在剑桥大学学习时期的达尔文

达尔文对医学学习的懈怠惹恼了他的父亲，父亲又把他送到剑桥大学基督学院学习神学，希望他未来能成为一位牧师。但显然，达尔文的兴趣也不在神学上。在剑桥大学的时期，他对自然历史的兴趣变得越加浓厚，甚至完全放弃了对神学的学习。

在剑桥大学期间，达尔文结识了当时著名的植物学家 J. 亨斯洛和地质学家席基威克，并接受了植物学和地质学研究的科学训练，这为他以后的生物学研究奠定了基础。

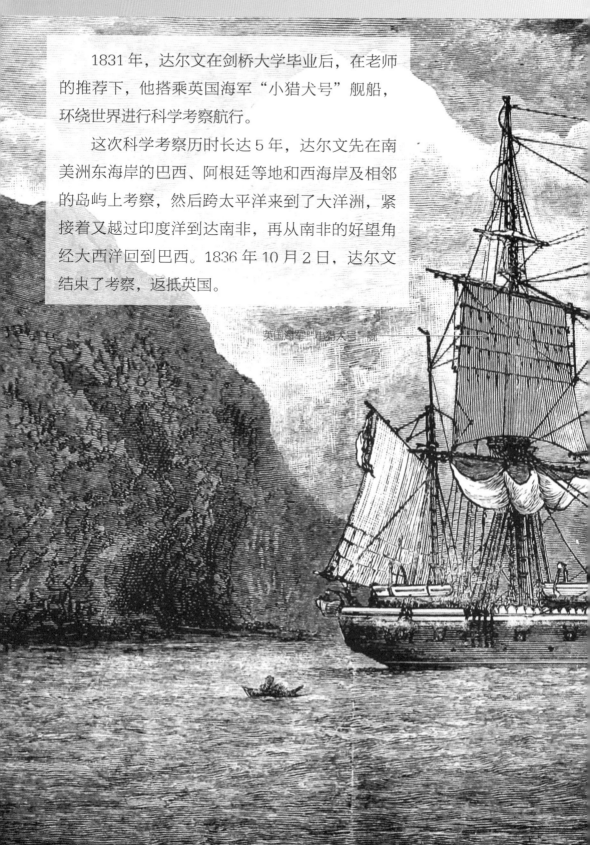

　　1831 年，达尔文在剑桥大学毕业后，在老师的推荐下，他搭乘英国海军"小猎犬号"舰船，环绕世界进行科学考察航行。

　　这次科学考察历时长达 5 年，达尔文先在南美洲东海岸的巴西、阿根廷等地和西海岸及相邻的岛屿上考察，然后跨太平洋来到了大洋洲，紧接着又越过印度洋到达南非，再从南非的好望角经大西洋回到巴西。1836 年 10 月 2 日，达尔文结束了考察，返抵英国。

英国海军"小猎犬号"舰

　　可以说，这次航行改变了达尔文。回来之后，他开始忙于研究，并立志成为一个严谨的科学家。1838 年，他有了一个重要的想法：世界并非上帝在一周的时间里创建出来的，所有的动物植物都可能改变过，而人类也可能是从某种生物转变而来的。

要知道，这样的想法，在信奉神创论的时代可以说是非常大胆和危险的。但是达尔文并没有因此产生畏惧，而是抱着严谨的态度，搜集和整理了大量的生物分类学、胚胎学、地质学以及考古学方面的证据并进行了分析和研究，花了 20 年的时间，写成了《物种起源》一书，并于 1859 年 11 月出版。

据记载，《物种起源》一开始虽然只印刷了 1250 册，但仅用了一天就全部售罄。在这本书中，达尔文提出了生物进化理论：物种都处于不断变化之中，经历了由低级到高级、从简单到复杂的演变过程；生物的发展和进化不是由神的意志或生物本身的欲望决定的，而是遗传变异、生存斗争和自然选择的结果；人类也是进化来的，不是上帝创造的。

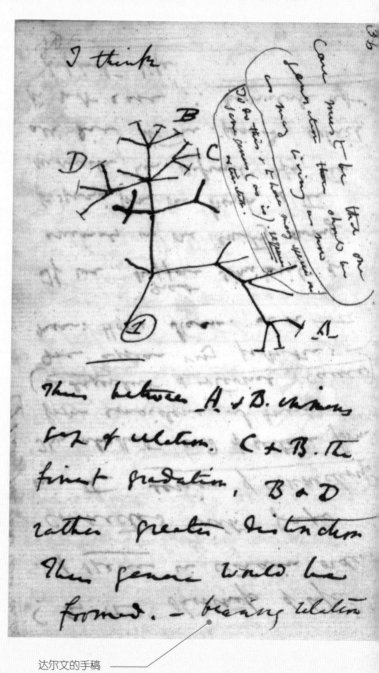

达尔文的手稿

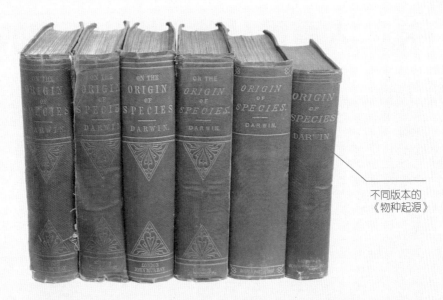

不同版本的
《物种起源》

　　尽管遭受到了创造论者和具有目的论思想的科学家们的猛烈攻击，但《物种起源》用充足的研究和证据，打破了千百年来"上帝创造万物"的神创论，可以说是生物科学里程碑式的伟大革命。

　　1871 年，达尔文出版了另一部伟大的著作《人类的起源及性选择》，从各个方面以事实和论据阐述了人类是从猿人进化而来的，这部著作进一步充实了进化学说，为生物进化论奠定了基础。

人真是从猿人进化而来的吗？

———— 根据进化论，人类是从猿人类进化而来

人类是地球上有史以来最具智慧的高等动物，也是目前地球唯一的统治者。而达尔文的进化论认为，人类是从猿人类进化而来的，那么这种学说正确吗？如果对的话，究竟如何辨别猿猴和人类的分界点呢？

人类的起源问题历来就是科学家们争论不休的一个问题。你或许会问，达尔文的《物种起源》不是已经很详细也很令人信服地揭示了物种进化和人类起源的秘密了吗？

寒武纪时代的三叶虫化石

其实不然。毋庸置疑，达尔文的《物种起源》是一部伟大的著作，但是它也有自己的漏洞。达尔文曾说"如果可以证明任何复杂的器官不是经过漫长的、持续的、微小的改变形成的话，那我的理论就失败了"，而距今约 5.4 亿年的寒武纪生命大爆发就完美证明了这一点。

在几百万年的时间里，几乎现有的所有动物的门类都同时出现了，这无情地击破了《物种起源》的基本论点。达尔文自己也曾说，他的进化理论根本无法解释人类的起源，因为人类进化得实在太快了——从猿人开始，到原始人，到智人，再到现代人，人类的脑容量在短期内激增数倍，智力也跳跃性提高。

但是，到现代人类之后，进化的迹象却又突然消失了……这也是达尔文曾经的苦恼之处。所以，人类是从猿类进化而来的论断也不是那么的绝对了。

无论怎样，《物种起源》是目前最让人信服的进化学说，至于那些疑点，需要新理论的产生或新的证据来解释了。

不过好消息是，随着基因科学的发展，关于人类和其他生物进化的诸多疑问的答案，或许会在不远的未来水落石出。

"种豌豆"的孟德尔

俗话说："种瓜得瓜，种豆得豆。"这是人们很早对于植物的认识，在19世纪前，生物家们对于遗传的认识和理解并不比普通人高明多少。在很长一段时间里，人们都相信"融合遗传"的说法，例如孩子所表现出来的特征是由父母的血液融合或混合而产生的折中。再比如，一朵开红花的植物如果和一朵开白花的植物嫁接在一起，得到的将会是粉色的花。

但是今天的我们都知道，无论在植物还是动物一代代的繁殖过程中，遗传起到了至关重要的影响，并不是简单的"融合遗传"。而说起遗传学，它的提出者就是大名鼎鼎的孟德尔。

近代遗传学
奠基人孟德尔

格雷戈尔·孟德尔（1822—1884）出生于当时欧洲奥地利帝国的西里西亚（今属捷克），父亲和母亲都在农场工作，生活比较贫苦，不过这一点都不妨碍孟德尔从小对动植物的浓厚兴趣。在童年时期，孟德尔是一名小园丁，并学习如何养蜜蜂。

1840年至1843年，年轻的孟德尔在奥尔穆茨大学的哲学研究所，学习实践和理论哲学、物理学以及数学，不过因为家里实在太过贫苦，孟德尔还没毕业就辍学了。

1843年10月，21岁的孟德尔被推荐进入了布隆城奥古斯汀修道院，走上成为神父的道路。除了能够减轻家庭负担以外，进修道院的另外一个重要原因在于，他能够在不需要自己付费的情况下继续获得教育。

在修道院期间，孟德尔还在当地的一所中学教书，教的是自然科学。他专心备课，认真教课，所以很受学生的欢迎。因生物学和地质学的知识过少，孟德尔被教会派到维也纳大学深造，受到相当系统和严格的教育和训练，这为他后来的科学实践打下了坚实的基础。

八年时间里，孟德尔一直在"照顾"自己的豌豆

1856 年，从维也纳大学回到修道院不久，他就开始了长达 8 年的豌豆实验。孟德尔首先从许多种子商那里买来了 34 个品种的豌豆，从中挑选出 22 个品种用于实验。它们都具有某种可以相互区分的稳定性状，例如高茎或矮茎、圆粒或皱粒、灰色种皮或白色种皮等。

8 年时间，孟德尔一共种植了 29000 株豌豆。他不仅细心照料这些豌豆，还让不同品种的豌豆相互杂交，并记录豌豆不同器官在生长过程中的差别。

孟德尔通过人工培植这些豌豆，对不同代的豌豆的性状和数目进行细致入微地观察、计数和分析。这样的实验方法需要极大的耐心和严谨的态度。他酷爱自己的研究工作，经常指着豌豆向前来参观的客人十分自豪地说："这些都是我的儿女！"

孟德尔发现，黄色豆子的豌豆株和绿色豆子的豌豆株杂交后，它们的下一代总是黄的；然而再下一代，黄色和绿色豆子的比例则是 3:1。他还观察了豌豆种子、豌豆花和豆荚的颜色与形状，结果发现杂交后，上述性质也呈现出类似的规律。

由此，孟德尔提出了"显性因子"和"隐性因子"的概念，并总结出了两个生物遗传的重要定律，它们揭示了生物遗传奥秘的基本规律：

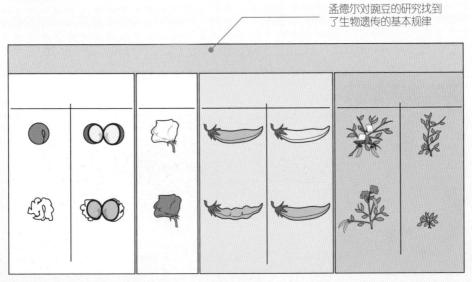

孟德尔对豌豆的研究找到了生物遗传的基本规律

一是分离规律，控制同一性状的成对遗传因子不相融合，独立地遗传给后代；

二是自由组合规律，确定是不同遗传性状的遗传因子在遗传时可以自由组合。

1865 年，孟德尔公布了自己的研究结果，并且细致描述了研究方法和过程，但遗憾的是，孟德尔的思维和实验太过超前，以至于连当时的很多科学家都跟不上他的思维。所以孟德尔找到的生物遗传规律并没有引起学术界的重视，一直被埋没了 35 年之久。

金子是不会被埋没的！直到1900年，孟德尔的研究才得到认可，他的研究成果被 3 位科学家重新发现，而这件事也由此被学术界称为"孟德尔之谜"。孟德尔这位生前默默无闻的先驱，又重新获得了高度评价，他的论文也被公认为开辟了现代遗传学。

孟德尔，这个"种豌豆"的人，也被后人尊称为"遗传学之父"。

DNA 的发现和基因科学

　　进入 20 世纪，生物科学一个重大的突破是 DNA 的研究发现，揭开了人类遗传学的神秘面纱。DNA 又叫脱氧核糖核酸，它的英文单词是 Deoxyribo Nucleic Acid，缩写为 DNA。DNA 是生物细胞内含有的四种生物大分子之一，分子为双螺旋结构。

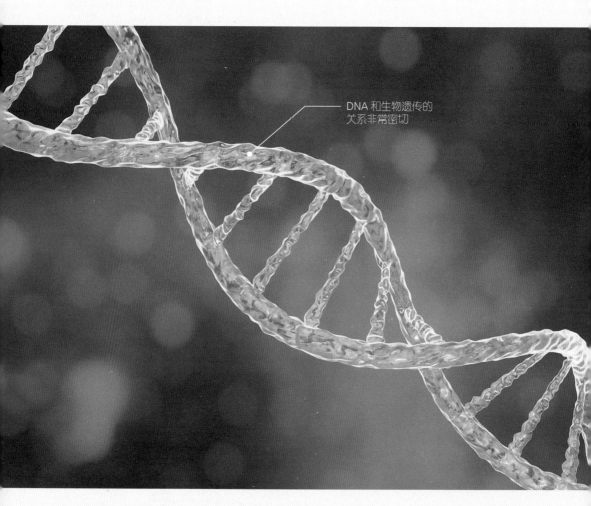

DNA 和生物遗传的
关系非常密切

　　每个 DNA 上有许多的基因，而基因是有遗传效应的 DNA 片段，所以 DNA 和生物遗传关系密切。

1881 年，诺贝尔奖得主、德国生物化学家阿尔布雷希特·科塞尔（1853—1927）鉴定出核蛋白是一种核酸。科塞尔还分离出了现在被认为是 DNA 和 RNA 的基本组成部分——五种氮碱基。

进入 20 世纪，美国生化学家菲巴斯·利文首先分析出 DNA 含有的四种碱基与磷酸基团，所以他认为 DNA 可能是由许多物质串联在一起的。

1928 年，英国生物学家弗雷德里克·格林菲斯（1879—1941）发现了一个很有意思的结果，一种非致病型肺

诺贝尔奖得主、德国生物化学家科塞尔

炎链球菌与另一种致病型肺炎链球菌混合后，会形成致病型的菌株。这表明一件事，致病菌株中释放出了遗传物质，让非致病菌向致病菌转化。但这个遗传物质是什么，格林菲斯没有找到答案。

到了 1944 年，美国微生物学家奥斯瓦尔德·艾弗里（1877—1955）和他的同事通过实验发现 DNA 是肺炎双球菌转化实验的关键所在，从而证实了有活性的遗传物质是 DNA。但当时人们依然倾向于蛋白质是遗传物质，所以艾弗里的实验和发现并没有得到认可。

美国微生物学家艾弗里

1952 年，美国细菌学家和遗传学家阿尔弗莱德·赫尔希（1908—1997）和他的学生玛莎·蔡斯，通过"噬菌体侵染细菌实验"证明了 DNA 才是遗传物质。这一实验被大众广泛接受，基于此人们终于相信 DNA 是"遗传密码"，而不是蛋白质了。

那么 DNA 是一种什么结构呢？

1951 年，年轻的美国科学家詹姆斯·沃森在英国剑桥大学进修时，在实验室遇到了英国科学家弗朗西斯·克里克，两个人一拍即合，决定开始研究 DNA。

沃森和他的同伴发现了 DNA 的双螺旋结构

1952 年时，沃森和克里克发表了一篇论文，认为 DNA 是三螺旋结构的，但很快被证实是错误的。同一年，英国物理学家、晶体学家罗莎琳德·富兰克林，成功地拍到了 DNA 的 X 射线衍射照（被命名为"照片 51 号"）。

受此启发，沃森和克里克与另一位生物物理学家威尔金斯一起合作，对 DNA 的结构再次研究了起来，并于 1953 年在《自然》杂志上发表一篇关于 DNA 双螺旋结构的论文，引起了前所未有的轰动。

具有双螺旋结构的 DNA

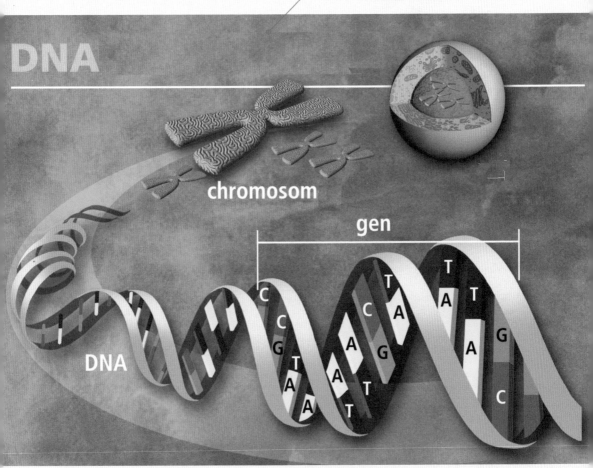

沃森与同伴的这篇论文向人们表明了，为什么双螺旋结构的 DNA 分子能够担当遗传物质。DNA 结构的发现，被认为是科学史上的一个重要里程碑，同时也标志着分子生物学的诞生。

1962 年，沃森、克里克、威尔金斯三人因 DNA 双螺旋结构的发现，而获得诺贝尔生理学或医学奖。

DNA 都有哪些应用?

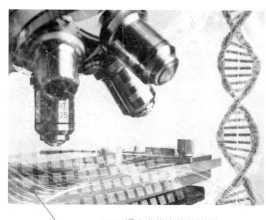

DNA 拥有非常宽广的应用

你知道吗? 每个人的 DNA 都是不同的, 而且承载着遗传基因。所以通过 DNA, 可以帮助人们预测一些疾病的风险, 还可以用于血缘关系鉴定和帮助警察寻找犯罪嫌疑人、确定罪犯。更为有趣的是, DNA 还能还原古人或一些古代动物的外貌特征, 在考古和食品检测中的应用也很广泛。

时至今日, 科学家们对 DNA 的研究还在继续, 掌握了 DNA, 就等于掌握了生物遗传的核心。

留给你的思考题

1. 达尔文通过研究发现, 人类是从猿人类一步步进化来的, 那么在未来, 人类还有可能进化成什么样? 用你的想象力想象一下吧。

2. DNA 是今天生物科学的重要研究领域, 你认为 DNA 技术在未来可以应用在哪些方面呢?